蚯蚓

[法] 蒂埃里·德迪厄 (Thierry Dedieu) 著

黄兴兴 译

北京理工大学出版社

BEIJING INSTITUTE OF TECHNOLOGY PRESS

"把土翻出来就可以观察到蚯蚓啦！"
　　　　　　　——永田达

蚯蚓也被叫作"地龙"，

它没有手，没有脚，没有眼睛，
没有骨头，也没有肺。

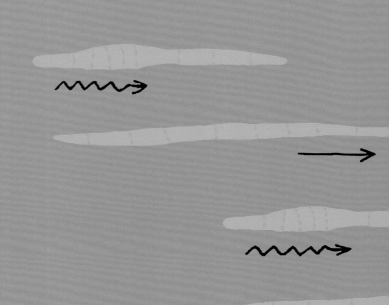

蚯蚓在地上爬行。

它身上长着一种硬硬的小短毛，

它借助这些小短毛

向前蠕动.

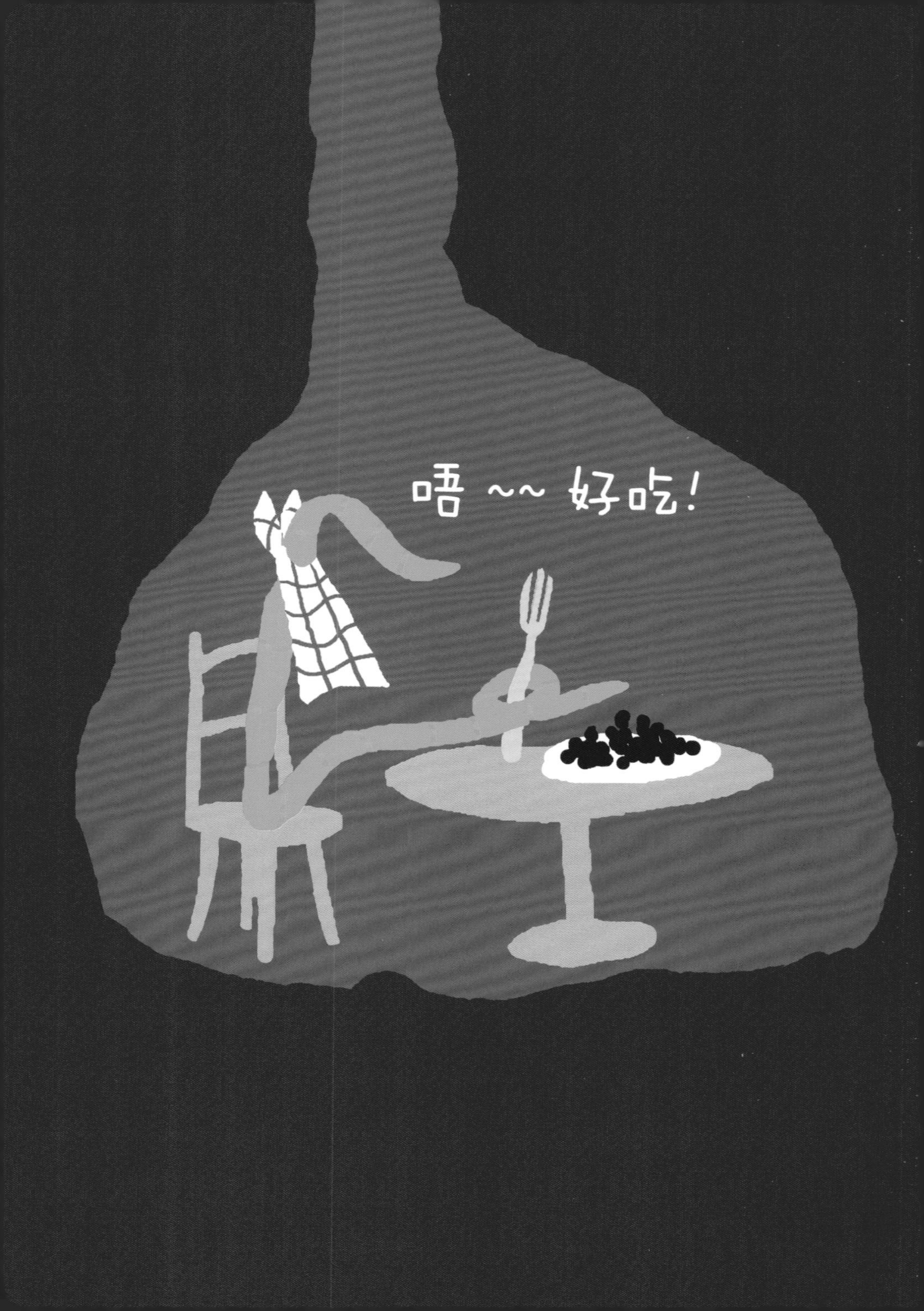
唔~~好吃!

它们吃藏在土壤里的
微生物、动植物碎屑和其他营养物质。

蚯蚓的便便像一截截小线圈，
都是不能被它消化吸收的废物，
我们叫它"蚯蚓粪"。

蚯蚓是雌雄同体的。
但为了产蚯蚓宝宝，
还是需要两条蚯蚓的配合。

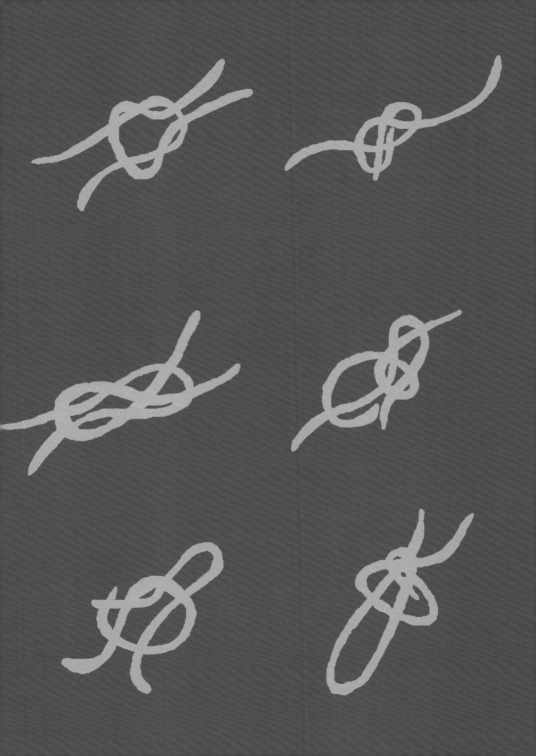

如果把一条蚯蚓切成两半，
就会变成两条蚯蚓，活的！

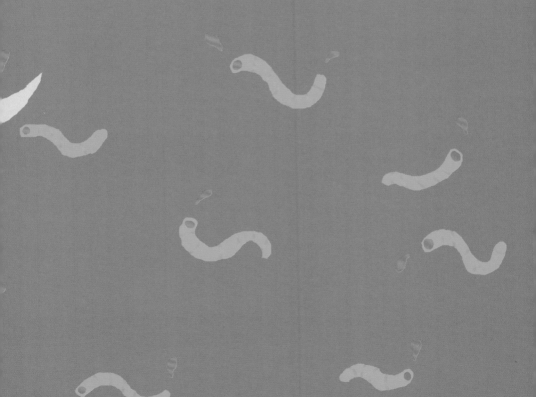

蚯蚓不喜欢晒太阳，
干燥的空气让它无法呼吸。

蚯蚓在地下挖出许多地道。

这些地道有利于土壤的通风和灌溉。

蚯蚓是鸟类、金龟子、刺猬、鼹鼠的最爱。

当然，还有鱼。

"不好意思，没有胳膊吃不了巧克力！"

如何让学龄前的孩子自主阅读《蚯蚓》

  首先，一个安静、舒适的阅读环境和家长的陪伴会让学龄前的孩子更容易专注于眼前这本有趣的小书。在阅读的过程中，可以先让孩子欣赏画面，再向他提问启发思考，然后跟他一起阅读文字，解开画面传递的信息密码。

  和他一起打开这本《蚯蚓》，告诉孩子："永田达爷爷从土壤里找到一条小蚯蚓，我们一起看看吧！"

  问问他蚯蚓有没有手脚，有没有眼睛；和他一起学学蚯蚓如何走路；告诉他蚯蚓喜欢吃什么；让他说说蚯蚓的便便什么样；告诉他两条蚯蚓配合生出蚯蚓宝宝；让他猜猜被切成两半的蚯蚓能不能存活；问问他蚯蚓喜不喜欢晒太阳，蚯蚓在地下都做了什么，哪些动物会吃蚯蚓。

  启发孩子用有限的语言和无限的观察力和想象力，从这本书开始，感受阅读与思考的乐趣吧！

鼹鼠

[法] 蒂埃里·德迪厄 (Thierry Dedieu) 著

黄兴兴 译

北京理工大学出版社

BEIJING INSTITUTE OF TECHNOLOGY PRESS

"虽然遇上几个陷阱，但我还是有不少发现，看看我的笔记吧！"

——永田达

鼹鼠喜欢在花园里打洞。

它是个挖地道能手。

鼴鼠的主要食物是蚯蚓。

它的手就像两把铁锹。

鼹鼠的房间都是自己建造的。

鼹鼠是高度近视。

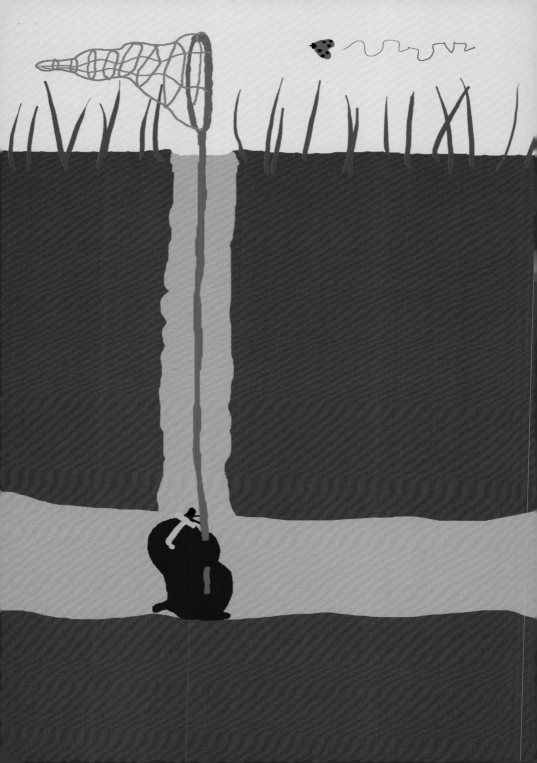

鼴鼠也吃昆虫。

鼹鼠很少出门。

鼹鼠的皮毛非常柔软。

它的寿命只有 3~4 年。

"我会找到的，
我会找到的，
我一定会找到的……"
（永田达执着地寻找着鼹鼠）

如何让
学龄前的孩子自主阅读
《鼹鼠》

　　首先，一个安静、舒适的阅读环境和家长的陪伴会让学龄前的孩子更容易专注于眼前这本有趣的小书。在阅读的过程中，可以先让孩子欣赏画面，再向他提问启发思考，然后跟他一起阅读文字，解开画面传递的信息密码。

　　和他一起打开这本《鼹鼠》，告诉孩子："今天永田达爷爷打算观察鼹鼠。"

　　让他猜猜鼹鼠有什么特长，喜欢吃什么；观察鼹鼠的爪子像什么，有什么好处；告诉他鼹鼠的房子都是自己建造的；让他说说书中的鼹鼠为什么戴着眼镜；问问他鼹鼠会不会喜欢吃蝴蝶；告诉他鼹鼠不喜欢出门，鼹鼠有柔软的皮毛，鼹鼠的寿命很短。

　　启发孩子用有限的语言和无限的观察力和想象力，从这本书开始，感受阅读与思考的乐趣吧！

蝙蝠

[法]蒂埃里·德迪厄 (Thierry Dedieu) 著

黄兴兴 译

北京理工大学出版社
BEIJING INSTITUTE OF TECHNOLOGY PRESS

蝙蝠身体表面有毛,

但翅膀上没有.

它是世界上唯一
能飞的哺乳动物。

蝙蝠的翅膀里面藏着它的胳膊和手。

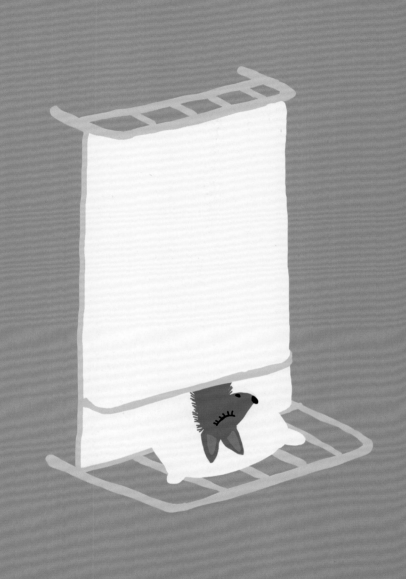

蝙蝠头朝下睡觉。

它们夜晚行动。

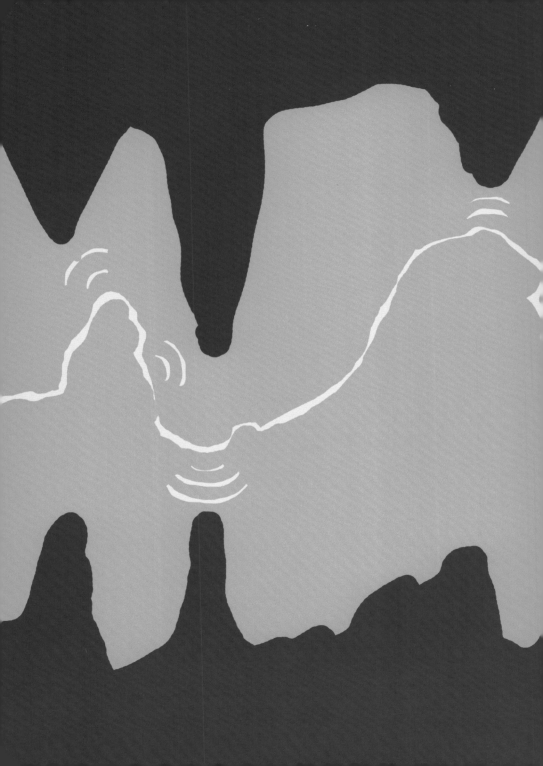

它们飞行时会发出超声波，
提醒它们绕开障碍物并帮助它们寻找食物。

几乎所有的蝙蝠整个冬天都在睡觉，

这叫作冬眠。

大多数蝙蝠吃昆虫，

也有一些蝙蝠会吃其他动物或者植物。

它们几乎没有什么天敌（除了猫头鹰、猫等），

但总是被寄生虫困扰。

一些蝙蝠被叫作"吸血鬼"，

因为它们会吸食动物的血液.

如何让
学龄前的孩子自主阅读
《蝙蝠》

    首先，一个安静、舒适的阅读环境和家长的陪伴会让学龄前的孩子更容易专注于眼前这本有趣的小书。在阅读的过程中，可以先让孩子欣赏画面，再向他提问启发思考，然后跟他一起阅读文字，解开画面传递的信息密码。

    和他一起打开这本《蝙蝠》，告诉孩子："我们现在要和永田达爷爷一起观察蝙蝠啦！"

    让孩子观察蝙蝠的身体，有没有毛，哪里有毛；问问他蝙蝠能不能飞；和他一起找找蝙蝠的手藏在哪里；让他发现蝙蝠是怎么睡觉的；告诉他蝙蝠喜欢在夜晚活动；让他用小手跟着蝙蝠的飞行轨迹绕开障碍物，感受蝙蝠的超声波功能；给他讲讲什么叫冬眠；让他猜一猜蝙蝠都喜欢吃什么，害怕什么；让他想一想蝙蝠要对这只大牛做什么。

    启发孩子用有限的语言和无限的观察力和想象力，从这本书开始，感受阅读与思考的乐趣吧！

蚊子

[法] 蒂埃里·德迪厄 (Thierry Dedieu) 著

黄兴兴 译

北京理工大学出版社
BEIJING INSTITUTE OF TECHNOLOGY PRESS

现在我准备好观察蚊子了！

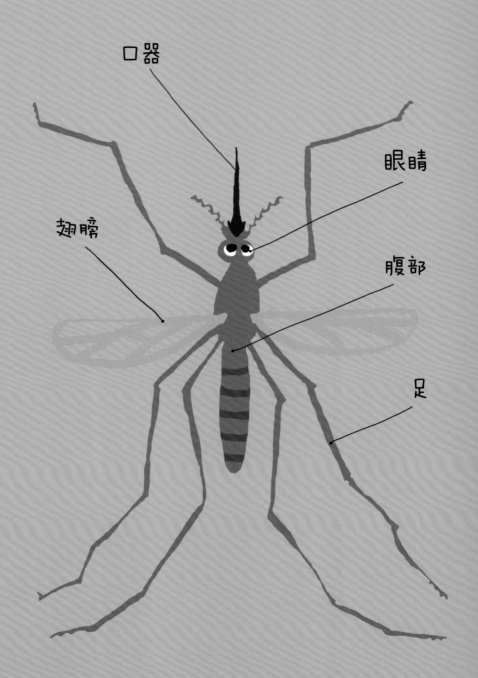

口器

眼睛

翅膀

腹部

足

蚊子是一种昆虫，
它有 6 只脚，1 对翅膀。

它们小时候生活在水里，

虫卵

幼虫

成年以后才离开水体。

虫蛹

蚊子享受脏兮兮的生活环境。

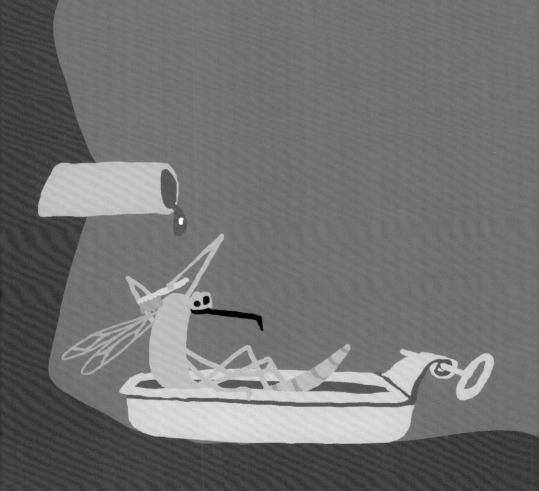

它们最爱吃花蜜，

只有母蚊子产卵时才吸食血液。

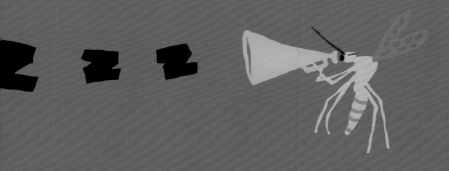

蚊子飞的时候会发出嗡嗡的声音。

它们根据气味确定吸谁的血.

吸血前，蚊子会往你的身体里注射
一种让血液不凝固的物质，
这种物质让你有痒的感觉。

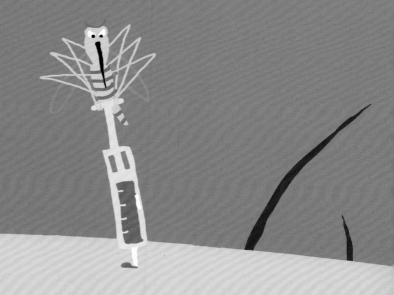

蚊子的天敌是
两栖动物、鸟类、哺乳动物和爬行动物；

蚊子的猎物也是
两栖动物、鸟类、哺乳动物和爬行动物。

大多数的蚊子都喜欢夜间行动。

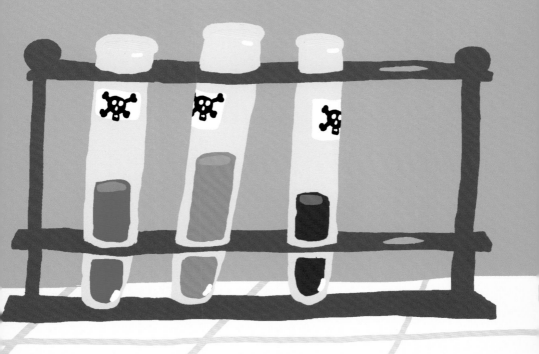

它们擅长传播各种疾病。

所以我的结论是，只有死蚊子才是好蚊子。

如何让
学龄前的孩子自主阅读
《蚊子》

　　首先，一个安静、舒适的阅读环境和家长的陪伴会让学龄前的孩子更容易专注于眼前这本有趣的小书。在阅读的过程中，可以先让孩子欣赏画面，再向他提问启发思考，然后跟他一起阅读文字，解开画面传递的信息密码。

　　和他一起打开这本《蚊子》，告诉孩子："你可能不喜欢蚊子，但是它也有很多有趣的知识。"

　　让他想想自己平时见过的蚊子长什么样；问问他蚊子从小到大有什么变化，喜欢在哪里生活，喜欢吃什么；让他回忆一下蚊子的叫声什么样；告诉他蚊子如何决定吸谁的血；让他猜猜蚊子吸血的过程什么样，蚊子喜欢吃什么以及谁会吃蚊子；让他想想蚊子什么时间活动；告诉他蚊子会传播疾病，要保护自己不要被蚊子叮到。

　　启发孩子用有限的语言和无限的观察力和想象力，从这本书开始，感受阅读与思考的乐趣吧！

青蛙

[法] 蒂埃里·德迪厄 (Thierry Dedieu) 著

黄兴兴 译

北京理工大学出版社
BEIJING INSTITUTE OF TECHNOLOGY PRESS

"近距离观察青蛙不是一件容易事儿。但只需要一点点的耐心,你就能有所发现。"

——永田达

青蛙可以在水里生活，
也可以在水边生活。

青蛙跳得又高又远。

它还是个游泳健将．

青蛙喜欢吃小昆虫。

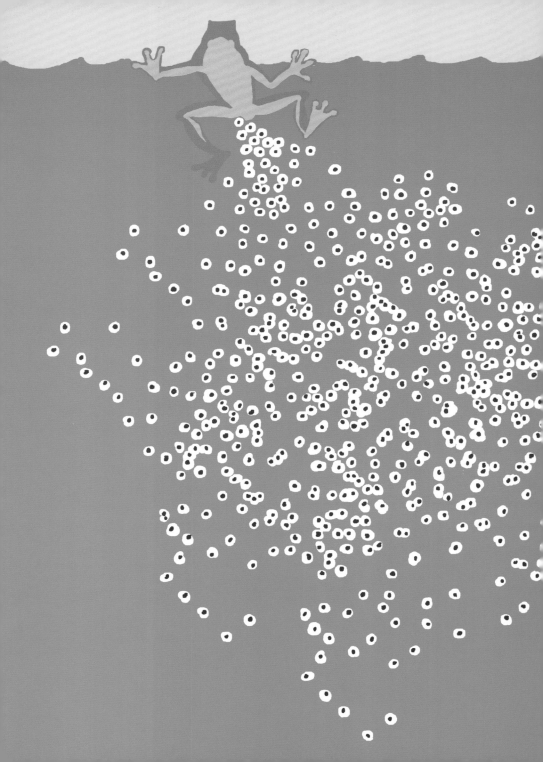

春天的时候，
青蛙妈妈会产下几千个卵。

青蛙宝宝在长大的过程中，
样子会发生变化。

青蛙的皮肤也可以是五颜六色的。

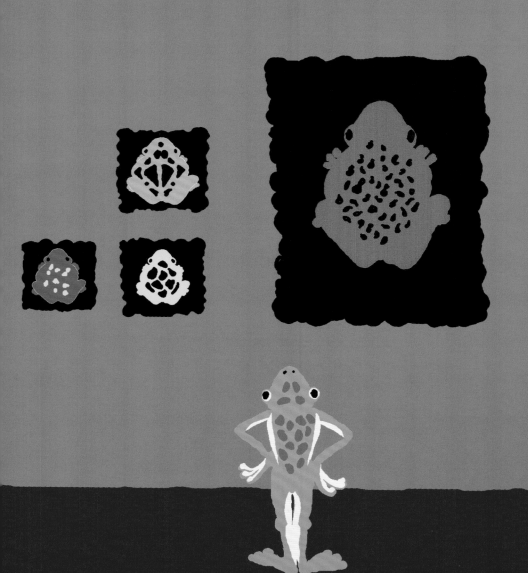

它们叫起来像是在"呱呱"地唱歌。

有一些青蛙生活在树上。

青蛙可不喜欢你把它当成癞蛤蟆。

"现在,我应该用腿来蹬水,是吗?"
（永田达跟着青蛙学起了游泳）

如何让
学龄前的孩子自主阅读
《青蛙》

　　首先，一个安静、舒适的阅读环境和家长的陪伴会让学龄前的孩子更容易专注于眼前这本有趣的小书。在阅读的过程中，可以先让孩子欣赏画面，再向他提问启发思考，然后跟他一起阅读文字，解开画面传递的信息密码。

　　和他一起打开这本《青蛙》，告诉孩子："永田达爷爷邀请你一起观察青蛙。"

　　让他想想青蛙在哪里生活，有哪些特长；青蛙喜欢吃什么；让他猜猜水里的小圆球是什么；请他给你讲讲，青蛙从小到大有哪些变化；问问他青蛙的皮肤都有哪些颜色；让他学学青蛙的叫声；告诉他青蛙也能在树上生活；让他观察青蛙和癞蛤蟆有什么不一样。

　　启发孩子用有限的语言和无限的观察力和想象力，从这本书开始，感受阅读与思考的乐趣吧！

瓢虫

[法]蒂埃里·德迪厄 (Thierry Dedieu) 著

黄兴兴 译

北京理工大学出版社

BEIJING INSTITUTE OF TECHNOLOGY PRESS

成年以前，
瓢虫的样子会发生好几次变化。

虫卵

幼虫

虫蛹　　　　　　　　成年瓢虫

瓢虫除了有两只翅膀以外，
翅膀上还有两片叫作"鞘翅"的硬硬的壳。

瓢虫妈妈会把刚出生的
瓢虫宝宝藏在树叶下面。

一只瓢虫可以活 3 年。

瓢虫分为好几种,
它们翅膀上的硬壳（鞘翅）颜色也不一样,

硬壳（鞘翅）上点点的数量也不一样。

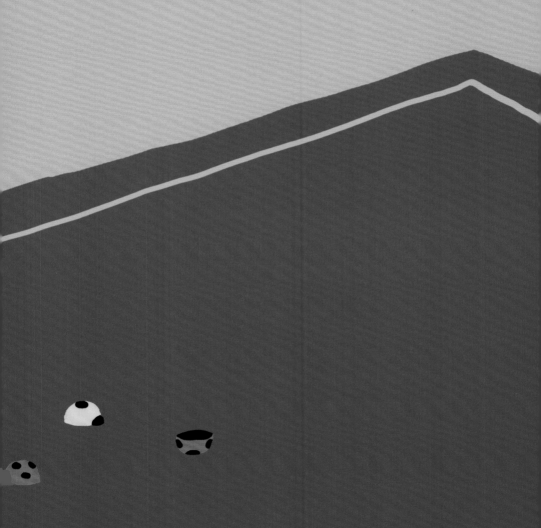

瓢虫可是很凶猛的,

它每天能吃掉 300 只蚜虫。

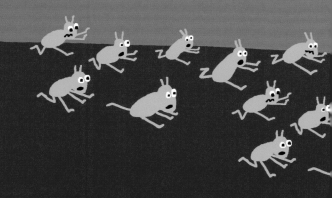

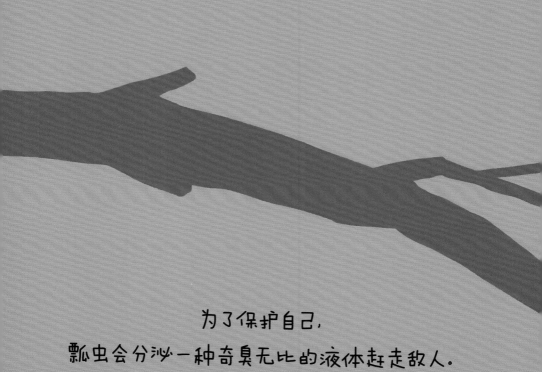

为了保护自己，
瓢虫会分泌一种奇臭无比的液体赶走敌人。

遇到危险瓢虫会装死。

冬天，瓢虫会减少活动，
这样就可以少消耗能量了。

太棒了！又是对七！

如何让
学龄前的孩子自主阅读
《瓢虫》

　　首先，一个安静、舒适的阅读环境和家长的陪伴会让学龄前的孩子更容易专注于眼前这本有趣的小书。在阅读的过程中，可以先让孩子欣赏画面，再向他提问启发思考，然后跟他一起阅读文字，解开画面传递的信息密码。

　　和他一起打开这本《瓢虫》，告诉孩子："永田达爷爷要观察瓢虫，快快坐好吧！"

　　让他猜猜瓢虫从小宝宝到完全成熟，要经过哪些变化；让他观察瓢虫的翅膀和壳；讲讲瓢虫在叶子上做什么；让他告诉你画面中的瓢虫几岁了，瓢虫都有哪些颜色的壳；数一数瓢虫壳上的小点点有几个；可以让他表演瓢虫捕食的凶猛的样子；告诉他瓢虫有什么秘密武器；让他想想瓢虫遇到了谁，害不害怕；让他猜猜瓢虫冬天怎么过。

　　启发孩子用有限的语言和无限的观察力和想象力，从这本书开始，感受阅读与思考的乐趣吧！

蜘蛛

[法]蒂埃里·德迪厄 (Thierry Dedieu) 著

黄兴兴 译

北京理工大学出版社
BEIJING INSTITUTE OF TECHNOLOGY PRESS

"我们一起来观察一下
这几种蜘蛛吧!"
——永田达

1 只昆虫 — 2 只翅膀

蜘蛛不是昆虫，

它和螨虫是一家人。

－2　只触角　　　＋2　只爪子

＝　1　只蜘蛛

它有 8 只脚，

昆虫只有 6 只脚。

蜘蛛有 8 只眼睛，
所以它能看到四周所有的情况。

嗡～嗡～嗡～嗡～嗡～嗡

蜘蛛有 3 种猎食方法，
它可以躲起来偷袭，
也可以挖一些陷阱，
还可以通过织网来猎取小动物。

年幼的蜘蛛能被风吹起来，

借着风力蜘蛛能去
几十公里①以外的地方旅行。

蜘蛛吐的丝非常结实。

蜘蛛用蛛丝织网，
也用蛛丝捆绑猎物。

蜘蛛给落网的猎物注射一种毒液。

然后，蜘蛛会给猎物注入另一种物质，
将它们的身体溶解成液体。
所以，蜘蛛不是吃，而是喝掉自己的食物！

几种蜘蛛：

圆网蛛

黑寡妇

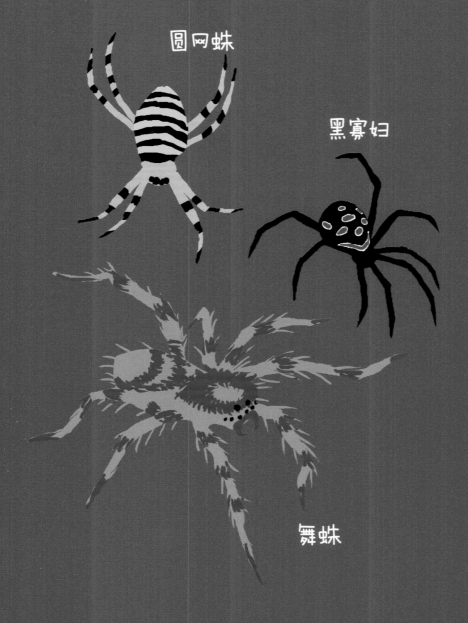

舞蛛

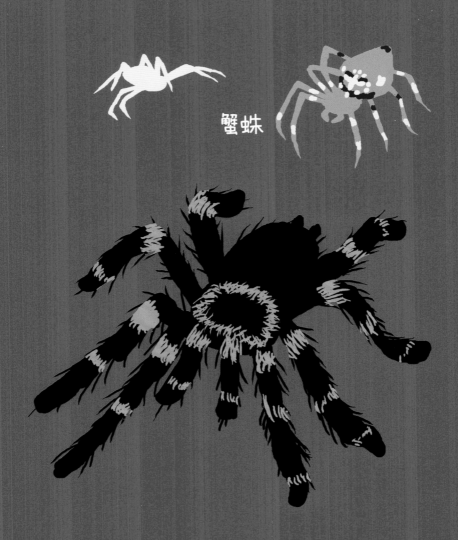

蟹蛛

蜢蛛

下面这些小可爱们跟蜘蛛也是近亲：

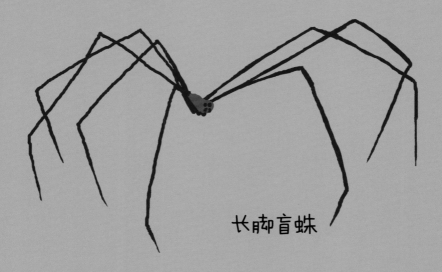

长脚盲蛛

蜱虫

蝎子

"这是个误会，先生，求求你放过我吧！"

如何让
学龄前的孩子自主阅读
《蜘蛛》

　　首先，一个安静、舒适的阅读环境和家长的陪伴会让学龄前的孩子更容易专注于眼前这本有趣的小书。在阅读的过程中，可以先让孩子欣赏画面，再向他提问启发思考，然后跟他一起阅读文字，解开画面传递的信息密码。

　　和他一起打开这本《蜘蛛》，告诉孩子："永田达爷爷为你准备好了几种蜘蛛，我们一起观察吧！"

　　告诉他蜘蛛的身体特征；请他数一数蜘蛛有几只眼睛；找一找蜘蛛藏在哪里，它的猎物在哪里；告诉他蜘蛛可以借着风力去旅行；让他观察塔吊用什么吊起了蜘蛛，蜘蛛用什么捆绑猎物；告诉他蜘蛛如何杀死猎物并把它们吃掉；让他认识几种常见的蜘蛛和蜘蛛的近亲。

　　启发孩子用有限的语言和无限的观察力和想象力，从这本书开始，感受阅读与思考的乐趣吧！

刺猬

[法] 蒂埃里·德迪厄 (Thierry Dedieu) 著

黄兴兴 译

北京理工大学出版社

BEIJING INSTITUTE OF TECHNOLOGY PRESS

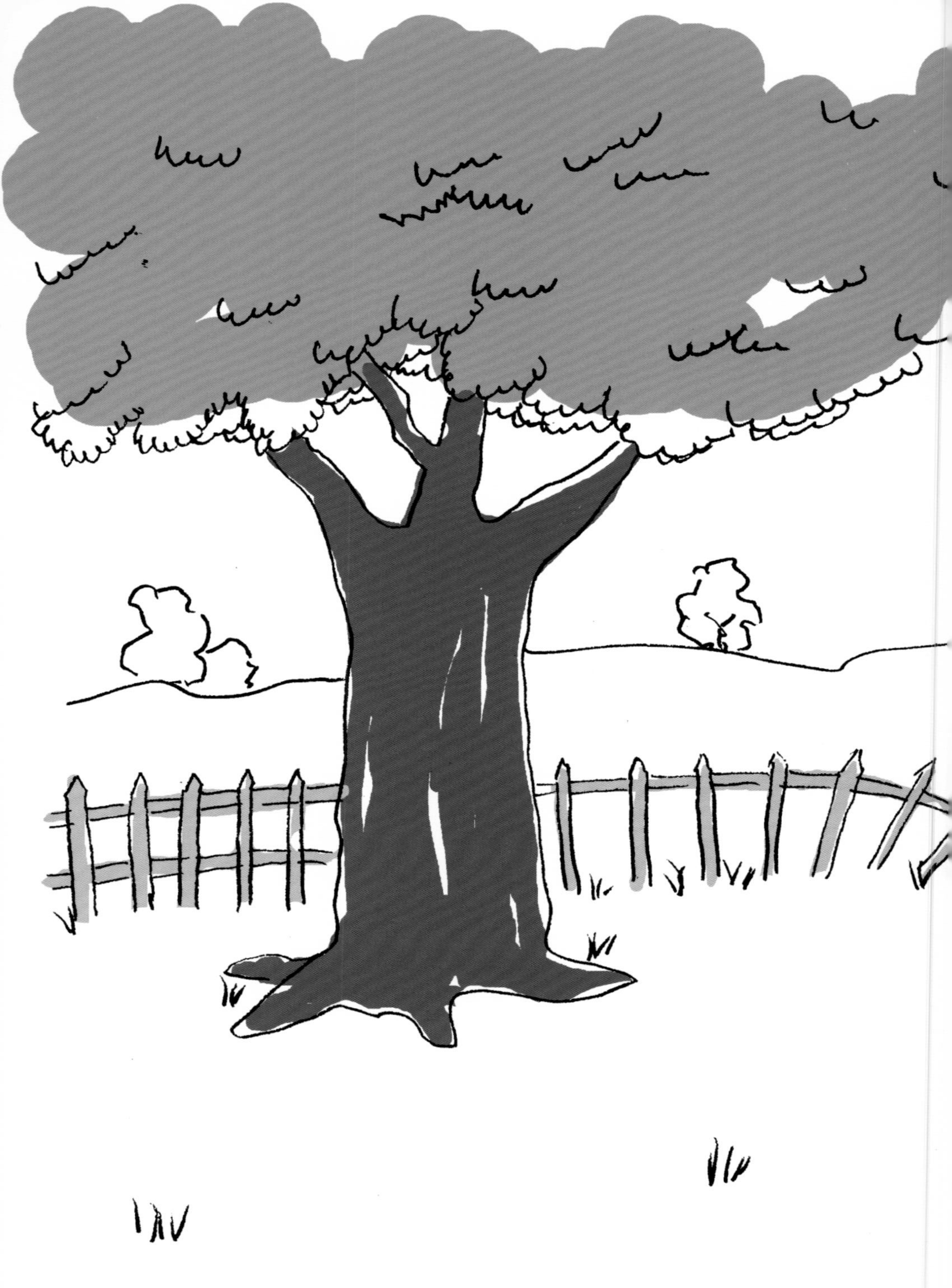

"我有点儿，特别，疯狂，喜欢观察刺猬。"

——永田达

刺猬通常晚上出来捕食。

刺猬不挑食，昆虫、蜗牛、蚯蚓、鼻涕虫，
还有蘑菇，它什么都吃。

刺猬用树枝和树叶做窝.

刺猬宝宝刚生下来时是没有刺的。

刺猬整个冬天都在睡觉，

这叫作冬眠。

春天一来，刺猬就会醒来并打扫花园，
所以它是园丁的好帮手。

刺猬的听觉非常敏锐，

它能听见蚯蚓在地下钻洞的声音！

刺猬面对危险会蜷成一个球。

刺猬的刺很锋利,

这样的刺它有 5000 多根!

可惜的是，
它的刺没办法帮它对抗
最大的敌人：汽车！

"这样应该可以保护可怜的刺猬了。"

如何让
学龄前的孩子自主阅读
《刺猬》

　　首先，一个安静、舒适的阅读环境和家长的陪伴会让学龄前的孩子更容易专注于眼前这本有趣的小书。在阅读的过程中，可以先让孩子欣赏画面，再向他提问启发思考，然后跟他一起阅读文字，解开画面传递的信息密码。

　　和他一起打开这本《刺猬》，告诉孩子："永田达爷爷要带你一起观察刺猬啦！"

　　告诉孩子刺猬身上有刺，让他找找刺猬的刺在哪里，想想刺猬为什么要打着手电筒出来；小·刺猬准备吃饭了，看看他的餐桌上都有什么；想想小·刺猬在做什么，小·刺猬宝宝为什么长得有点奇怪；告诉他刺猬喜欢睡一整个冬天的觉，春天醒来会打理花园；让他猜一猜小·刺猬趴在地上听什么，小·刺猬怎样保护自己；给他讲讲刺猬的刺有多厉害，小·刺猬有没有害怕的东西。

　　启发孩子用有限的语言和无限的观察力和想象力，从这本书开始，感受阅读与思考的乐趣吧！